W9-CON-866

Bizcocho

Escrito por ALYSSA SATIN CAPUCILLI
Ilustrado por PAT SCHORIES
Traducido por TERESA MLAWER

HarperCollins*Publishers* rayo

HarperCollins®, ▄▄®, and I Can Read Book®
are trademarks of HarperCollins Publishers Inc.
Rayo is an imprint of HarperCollins Publishers Inc.

Biscuit
Text copyright © 1996 by Alyssa Satin Capucilli
Illustrations copyright © 1996 by Pat Schories
Translation copyright © 2001 by HarperCollins Publishers, Inc.
www.harperchildrens.com

Library of Congress Cataloging-in-Publication Data
Capucilli, Alyssa Satin.
[Biscuit. Spanish]
   Bizcocho / escrito por Alyssa Satin Capucilli ; ilustrado por Pat Schories;
traducido por Teresa Mlawer.
      p.   cm.—(Mi primer libro ya sé leer)
   ISBN 0-06-029755-7 — ISBN 0-06-444310-8 (pbk.)
   [1. Dogs—Fiction.   2. Bedtime—Fiction.   3. Spanish language materials.]
I. Schories, Pat, ill.   II. Title.   III. Series.
PZ7.C179Bi   1997   95-9716
[E]—dc20   CIP
                                                                    AC

    1 2 3 4 5 6 7 8 9 10

First Edition

Para Laura y Peter que esperan con paciencia
poder tener su propio Bizcocho
—A.S.C.

Para Tess
—P.S.

Éste es Bizcocho.

Bizcocho es pequeño.

Bizcocho es de color canela.

¡Bizcocho, es hora de dormir!

¡Guau, guau!

Bizcocho quiere jugar.

¡Bizcocho, es hora de dormir!

¡Guau, guau!

Bizcocho quiere una galletita.

¡Bizcocho, es hora de dormir!

¡Guau, guau!

Bizcocho quiere agua.

¡Bizcocho, es hora de dormir!

¡Guau, guau!

Bizcocho quiere oír un cuento.

¡Bizcocho, es hora de dormir!

¡Guau, guau!

Bizcocho quiere su mantita.

¡Bizcocho, es hora de dormir!

¡Guau, guau!

Bizcocho quiere su muñeca.

¡Bizcocho, es hora de dormir!

¡Guau, guau!

Bizcocho quiere un abrazo.

¡Bizcocho, es hora de dormir!

¡Guau, guau!

Bizcocho quiere un beso.

¡Bizcocho, es hora de dormir!

¡Guau, guau!

Bizcocho quiere una luz.

¡Guau!

Bizcocho quiere que lo arropen.

¡Guau!

Bizcocho quiere otro beso.

¡Guau!

Bizcocho quiere otro abrazo.

¡Guau!

Bizcocho quiere

acurrucarse en la manta.

Por fin se durmió el perrito.

Buenas noches, Bizcocho.